Ernst Probst

Die Einzelgrab-Kultur

Eine Kultur der Jungsteinzeit
vor etwa 2.800 bis 2.300 v. Chr.

Widmung

Dem Prähistoriker Dr. Friedrich Laux aus Hamburg gewidmet,
der mich bei meinen Büchern über die Steinzeit und Bronzezeit
unterstützt hat

Impressum
Die Einzelgrab-Kultur
Autor: Ernst Probst,
Im See 11, 55246 Mainz-Kostheim
Telefon: 06134/21152
E-Mail: ernst.probst (at) gmx.de
Herstellung: Amazon Distribution GmbH, Leipzig
Alle Rechte vorbehalten
ISBN: 979-8-701-70663-5

Inhalt

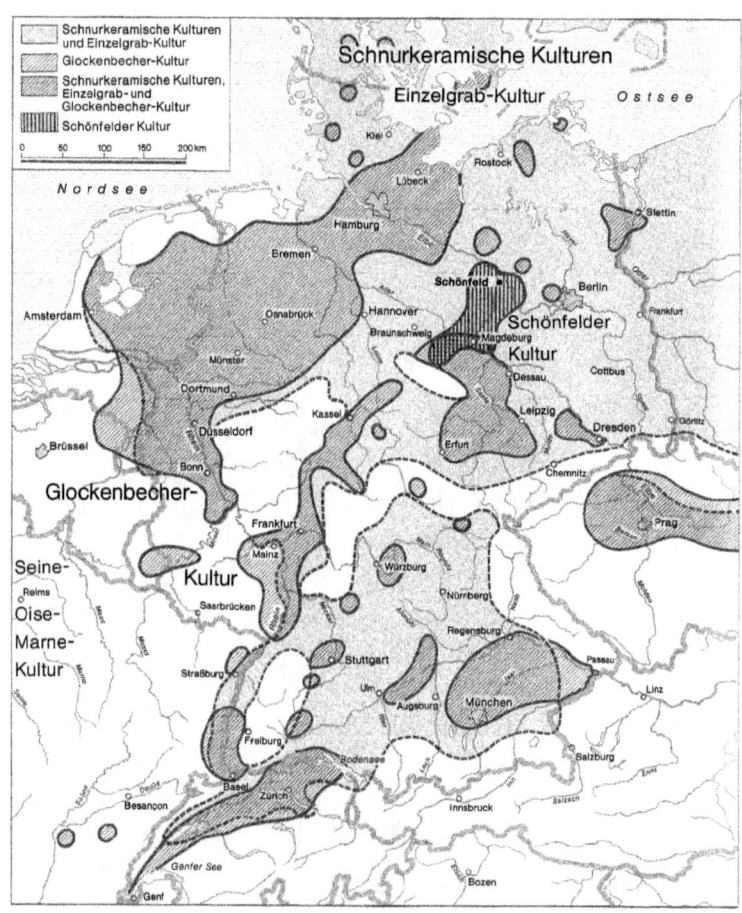

Verbreitung Schnurkeramische Kulturen
und ihre Nachbarn in Deutschland.
Karte von Adolf Böhm für das Buch
„Deutschland in der Steinzeit" (1991)
von Ernst Probst

Vorwort

Die Einzelgrab-Kultur steht im Mittelpunkt des gleichnamigen Taschenbuches des Wiesbadener Wissenschaftsautors Ernst Probst. Jene Kultur der Jungsteinzeit behauptete sich von etwa 2.800 bis 2.300 v. Chr. in Norddeutschland, Dänemark und Holland. Eigenartigerweise kennt man bisher mehr Gräber als Häuser oder Siedlungen. Jene Ackerbauern und Viehzüchter hielten vielleicht bereits Pferde als Haustiere, benutzten von Rindern gezogene Wagen mit Scheibenrädern und tranken Bier. Zum Fundgut aus Gräbern gehören oft tönerne Becher sowie Streitäxte mit Steinklinge und Holzschaft. Medizinmänner wagten Schädeloperationen, die von den Patienten nicht immer lange überlebt wurden. Im Gegensatz zu ihren Vorgängern, den Trichterbecher-Leuten, nahmen die Einzelgrab-Leute keine Kollektivbestattungen in Großsteingräbern, sondern Einzelbestattungen unter Erdhügeln vor. Möglicherweise opferten sie Sklaven oder Gefangene, damit diese toten Häuptlingen im Jenseits dienen sollten.

Prähistorikerin Johanna Mestorf (1828–1909) aus Kiel.
Foto vor 1909

Die Einzelgrab-Kultur

In Norddeutschland, Dänemark und Holland existierte von etwa 2.800 bis 2.300 v. Chr. die sogenannte Einzelgrab-Kultur als nördlicher Zweig der Schnurkeramischen Kulturen. Den Begriff Einzelgrab-Kultur hat 1892 die Prähistorikerin Johanna Mestorf[1] (1828–1909) aus Kiel eingeführt. Charakteristisch für diese Kultur sind einzelne Gräber unter Erdhügeln im Gegensatz zu Kollektivbestattungen in Großsteingräbern der vorhergehenden Trichterbecher-Kultur (etwa 4.200 bis 2.800 v. Chr.). In Dänemark dominierten in den Boden eingetiefte, von Osten nach Westen ausgerichtete Pfostenhäuser der Einzelgrab-Kultur mit rechteckigem Grundriss und Firstdach. Auf einen 8,40 Meter langen und 5,40 Meter breiten Grundriss eines Hauses der Einzelgrab-Kultur stieß man auf der östlichen Fläche der Weihnachtsbaumplantagen des Gutes Depenau in Höhe von Nettelau (Kreis Plön) in Schleswig-Holstein. Der Eingang lag in der Nordwestecke des Gebäudes. Das Dach wurde vielleicht mit einem Pfosten in der Hausmitte abgestützt. Die Radiocarbon-Datierung ergab bei drei Proben eine Zeit zwischen 2.500 und 2.200 v. Chr., was der Einzelgrab-Kultur entspricht. Eine andere Probe erbrachte eine Zeit um 2.800 bis 2.700 v. Chr. zu Beginn der Einzelgrab-Kultur.

Bei den seltenen Siedlungsspuren der Einzelgrab-Kultur in Deutschland handelt es sich meist um Keramikreste, die zusammen mit einigen anderen Hinterlassenschaften die Anwesenheit von Einzelgrab-Leuten belegen. Ein unvollständig erhaltener Hausgrundriss, bestehend aus 15 Pfostenlöchern im Erdboden, sowie Reste einer Herdstelle wurden in Biederitz-Heyrothsberge (Kreis Jerichower Land), östlich von Magdeburg in Sachsen-Anhalt, entdeckt. Das Gebäude stand auf einer Düne zwischen Alt- und Nebenarmen der Elbe.

In ihrer Doktorarbeit über Gewalt und Aggression in der Jungsteinzeit von Deutschland erwähnte 2005 die Prähistorikerin Gundula Lidke auch Schädeloperationen (Trepanationen) der Einzelgrab-Kultur in Mecklenburg-Vorpommern, Schleswig-Holstein und Niedersachsen.

Bei Grabungen in einem trapezförmigen Großsteingrab in Kruckow (Kreis Mecklenburgische Seenplatte) wies man 1969 zwei Schädeloperationen der späten Einzelgrab-Kultur nach. Die Eingriffe waren am Schädel eines älteren Kindes (Kruckow 1) und einer jungen Frau (Kruckow 2) vorgenommen worden. Die Frau starb nicht lange nach der Operation. Ein Mann der späten Einzelgrab-Kultur, dessen trepanierter Schädel in einem Großsteingrab von Serrahn (Kreis Rostock) lag, hat den Eingriff einige Zeit überlebt. Aus Groß Upahl, einem Ortsteil von Gützow-Prüzen (Kreis Rostock) kennt man einen Schädelrest eines Menschen mit überlebter Verletzung.

In einem Großsteingrab von Nebel auf der Nordseeinsel Amrum in Schleswig-Holstein entdeckte man die Hirnschale eines Mannes der Einzelgrab-Kultur, der eine Schädeloperation nicht lebend überstanden hat.

Auch einen von zwei Männern (Skelett 1), die man in Hasbergen bei Osnabrück in Niedersachsen in einem Flachgrab der Einzelgrab-Kultur bestattete, hat man am Schädel operiert. Er durfte sich danach noch etwa ein halbes Jahr seines Lebens erfreuen. Ihn bestattete man mit einem Brustschmuck aus zwölf Eberzahnlamellen, einem Feuersteindolch, einem Feuersteinbeil und zwei schnurverzierten Bechern. Einige Zeit vor der Schädeloperation hatte dieser Mann noch Brüche der rechten Elle und Speiche erlitten, die gut verheilten.

Schädeloperationen wurden auch von Medizinmännern anderer

Kulturen der Jungsteinzeit gewagt. Die meisten gelungenen Schädeloperationen der Jungsteinzeit (etwa 5.500 bis 2.000 v. Chr.) in Mitteleuropa erfolgten zur Zeit der Trichterbecher-Kultur (etwa 4.300 bis 2.800 v. Chr.), der Walternienburg-Bernburger Kultur (etwa 3.200 bis 2.800 v. Chr.) und der Schnurkeramischen Kulturen (etwa 2.800 bis 2.300 v. Chr.). Die von Medizinmännern der Walternienburg-Bernburger Kultur vorgenommenen Schädeloperationen sind – nach den Funden mit verheilten Wundrändern zu schließen – etwa zu 90 Prozent gelungen. Zu solchen Eingriffen entschloss man sich bei schweren Krankheiten oder bei Schädelverletzungen. Damit der Patient die Schmerzen besser ertragen konnte, dürfte man ihm ein berauschendes Getränk gegeben haben.

Unsicher datierte Pflugspuren unter einem Grabhügel von Ostenfelde (Kreis Nordfriesland) in Schleswig-Holstein und vereinzelte Abdrücke von Getreidekörnern auf Tongefäßen liefern Hinweise auf den Ackerbau zur Zeit der Einzelgrab-Kultur. So ist in Biederitz (Kreis Jerichower Land) in Sachsen-Anhalt der Anbau von Einkorn und Emmer, in Brackel (Kreis Harburg) in Niedersachsen der von Emmer und Gerste durch Getreidekörnerabdrücke belegt.

Die Einzelgrab-Leute tranken aus Gerste gebrautes Bier, dem kein Honig und kein Met beigemischt war. Das verriet eine Kruste in einem Becher der frühen Einzelgrab-Kultur aus einem Hügel von Refshojgard im Kirchspiel Folby in Ostjütland (Dänemark). Die mittels Pollenanalyse, konventioneller Mikroskopie und Rasterelektronenmikroskopie identifizierten Stärkekörner stammen von Bier. Weil man in der frühen Einzelgrab-Kultur vor allem Gerste anbaute, nimmt man an, dass dieses Getränk aus Gerste gebraut wurde.

Wie bei den zeitgleichen Schnurkeramischen Kulturen hat man Rinder, Schweine, Schafe, Ziegen und Hunde gehalten.

Schädeloperation (Trepanation)
der Walternienburg-Bernburger Kultur (etwa 3.200 bis 2.800 v. Chr.).
Zeichnung: Fritz Wendler (1941–1995)
für das Buch „Deutschland in der Steinzeit" (1991)

Vielleicht besaßen die Einzelgrab-Leute sogar Hauspferde. Denn in Borgstedt (Kreis Rendsburg-Eckernförde) in Schleswig-Holstein wurde zusammen mit einer Bestattung dieser Kultur auch das Oberkieferfragment eines Pferdes mit je sechs Backenzähnen der linken und rechten Oberkieferseite gefunden. Nach den Zähnen zu schließen, handelt es sich um ein etwa zehn Jahre altes Pferd. Ungewiss ist, ob es ein Wild- oder ein Hauspferd war.

Die Einzelgrab-Leute verfügten offenbar wie die Schnurkeramiker über Wagen, die von Rindern gezogen wurden. Darauf deuten zwei tönerne Scheibenräder eines kleinen Wagens hin, die bei Rohstorf (Kreis Lüneburg) in Niedersachsen entdeckt wurden. Dort stieß der Hamburger Prähistoriker Friedrich Laux 1974 bei einer Nachgrabung im Steingrab III auf das Bruchstück einer durchlochten tönernen Scheibe mit glattem Rand. Ein zweites, besser erhaltenes Exemplar bemerkte er unter den Funden einer älteren Ausgrabung. Laux erkannte in diesen beiden tönernen Objekten zwei Scheibenräder eines Wägelchens, das einem vierrädrigen Wagen der Badener Kultur (etwa 3.600 bis 3.000 v. Chr.) aus Budakalász nördlich der ungarischen Hauptstadt Budapest ähnelte.

Die Frauen der Einzelgrab-Leute erfreuten sich an mancherlei Schmuck. Beliebt waren vor allem aus Bernstein geschaffene Perlen, welche den Kopf, den Hals oder die Handgelenke zierten. Zwei große Scheiben aus Bernstein mit Mittelloch, die bei den Toten meist in Nähe der Schenkel lagen, deutet man als herabhängende Enden eines Gürtels.

Als eventuelle Kunstwerke der Einzelgrab-Kultur gelten die steinernen Stelen von Ellenberg bei Guxhagen (Schwalm-Eder-Kreis) und von Wellen bei Edertal (Kreis Waldeck-Frankenberg) in Hessen. Man bringt sie aufgrund ihrer Ornamentik

*Berittener Krieger aus der Zeit der Schnurkeramischen Kulturen
mit Streitaxt in der linken Hand und Feuersteindolch am Gürtel.
Derartige Reiterkrieger oder Streitaxtleute wurden früher
irrtümlich mit den Indogermanen gleichgesetzt.
Zeichnung: Fritz Wendler (1941–1995)
für das Buch „Deutschland in der Steinzeit" (1991)
von Ernst Probst*

Hamburger Prähistoriker Friedrich Laux.
Foto: Dr. Friedrich Laux,
Hamburger Museum für Archäologie,
Helms-Museum, Hamburg-Harburg

*Mit einem Fischgrätenmuster verzierte Stele
von Ellenberg bei Guxhagen (Schwalm-Eder-Kreis) in Hessen.
Höhe 1,84 Meter, Breite 71 Zentimeter.
Original im Hessischen Landesmuseum Kassel.
Foto: Hessisches Landesmuseum Kassel
Abteilung Vor- und Frühgeschichte
(Foto: Arno Hensmanns)*

(Zickzacklinien, Dreiecke und Schrägstriche) mit der Einzelgrab-Kultur in Verbindung.

Die erste der Ellenberger Stelen kam bereits 1907 in einem
Grabhügel zum Vorschein, der zum Zeitpunkt der Ausgrabungen noch eine Höhe von 70 Zentimetern und einen
Durchmesser von 15 Metern aufwies. Der Fuß des Grabhügels
wurde von kleineren Steinplatten umgeben, die man senkrecht
in den Boden gestellt hatte. Nur im Nordteil des Hügels dienten
größere Steine als Begrenzung. Darunter befand sich der 85
Zentimeter hohe obere Teil einer ursprünglich vielleicht doppelt
so großen Stele. Sie ist auf der Vorderseite mit abwechselnd
eingetieften und erhabenen Dreiecken, deren Spitze nach oben
weist, verschönert. Der weggebrochene untere Teil blieb un-
auffindbar. Als man auf diese Stele stieß, lag sie mit der Bildseite
nach unten. Diese Position lässt auf eine sekundäre Verwen-
dung als Baumaterial schließen. Die zweite Ellenberger Stele
kam 1923 oder 1924 etwa 800 Meter südwestlich vom Fundort
der ersten zum Vorschein. Sie ist in zwei Teile zerbrochen. Die
Bruchstelle liegt in einer Einschnürung, die den verzierten, oben
abgerundeten „Kopf" ehedem vom unverzierten „Rumpf" ab-
hob. Die Gesamthöhe dieser Stele beträgt 1,84 Meter. Der obere
Teil der Stele trägt ein Zickzackmuster (sogenanntes Fischgrätenmuster), wie es besonders typisch auf manchen Tongefäßen der Einzelgrab-Kultur auftritt.

Die Stele von Wellen hat man 1961 in einer Kiesgrube an der
Eder geborgen. Sie wurde aus rotem Sandstein geschaffen und
ist 1,51 Meter hoch. Ihre Vorderseite ist mit Schrägstrich-
bändern verziert, die der Länge nach durch ebenso breite
Freiräume voneinander getrennt sind. Die obere Hälfte wird
durch eine Doppellinie von der unteren getrennt. Die
Schrägstrichbänder in der unteren Hälfte schließen nicht an
die oberen an, sondern stehen seitlich versetzt unter den

Stele aus rotem Sandstein
von Wellen bei Edertal (Kreis Waldeck-Frankenberg)
in Hessen.
Höhe 1,51 Meter, Breite 99 Zentimeter.
Kopie im Hessischen Landesmuseum Kassel.
Original in Bringhausen oberhalb des Edersees.
Foto: Hessisches Landesmuseum Kassel,
Abteilung Vor- und Frühgeschichte
(Foto: Arno Hensmann)

Freiräumen der oberen Hälfte. Auch im unteren Teil bildet eine Doppellinie den Abschluss.

Klaus Albrecht aus Naumburg-Altendorf deutete 1999 auf der Internetseite „jungsteinSITE" die Stele von Wellen und möglicherweise auch die Stele I von Ellenberg als Mondkalender. Er schrieb über die Stele von Wellen: „Bei senkrechter Zählung der Gravuren an den besser erhaltenen Partien des Steins ergibt sich eine Zahl von 25 Schräglinien pro Reihe. Zählt man dazu die jeweils 2 mal 2 quer verlaufenden Gravuren, ergeben sich 12 senkrechte Reihen mit jeweils 29 Markierungen. Die Dauer des Mondzyklus beträgt ca. 29,5 Tage. Die waagerechten Linien könnten somit nach ihrer Position als Markierungen für Voll- und Neumond gedeutet werden." Bemerkenswert sei in diesem Zusammenhang, dass die Zahl 29 auch in der Stele I von Ellenberg in Form der vollständig dargestellten bzw. angeschnittenen Dreiecke auftrete.

Die Einzelgrab-Kultur unterscheidet sich vor allem durch die Keramik von den Schnurkeramischen Kulturen. Als typisches Tongefäß gelten die sogenannten geschweiften Becher. Darunter versteht man ein schlankes Tongefäß mit abgesetztem Boden und geschweiftem Oberteil. Schätzungsweise Dreiviertel aller Becher wurden mit Schnureindrücken, Stich- und Ritzeindrücken, Wellenlinien, Fischgräten- oder Tannenzweigmustern verziert. Deutlich seltener waren rundbauchige Amphoren, die in den Schnurkeramischen Kulturen häufig auftraten, und Schalen mit und ohne Fuß. Die Ornamente auf Tongefäßen der Einzelgrab-Kultur sind vielfach in einzelnen Zonen angeordnet. In solchen Fällen spricht man von Zonenbechern.

Eine Eigenart aus einer späten Phase der Einzelgrab-Kultur waren 30 bis 55 Zentimeter hohe, meist graubraune Riesenbecher mit einer Wandstärke bis zu zwei Zentimetern und einer

Keramik der Einzelgrab-Kultur
aus Schleswig-Holstein.
Originale im Archäologischen Landesmuseum Schleswig-Holstein,
Schloss Gottdorf.
Foto: Einsamer Schütze / CC BY-SA 3.0
(via Wikimedia Commons),
lizensiert unter Creative-Commons-Lizenz by-sa-3.0-de,
https://creativecommons.org/licenses/by-sa/3.0/legalcode

Riesenbecher der Einzelgrab-Kultur
von Erle (Kreis Borken) in Nordrhein-Westfalen.
Höhe 44 Zentimeter.
Original im Westfälischen Museum für Archäologie, Münster.
Foto: Westfälisches Museum für Archäologie,
Amt für Bodendenkmalpflege, Münster

Prähistoriker Karl Hermann Jacob-Friesen (1886–1960)
aus Hannover.
Aufnahme eines unbekannten Fotografen von 1930,
Scan eines Fotos aus Familienbesitz,
Publikation CC BY ist autorisiert vom Nachfahren
des Porträtierten, Holger Jacob-Friesen / CC BY-SA 4.0
(via Wikimedia Commons),
lizensiert unter Creative-Commons-Lizenz by-sa-4.0,
https://creativecommons.org/licenses/by-sa/4.0/

kleinen Standfläche. Sie wurden teilweise mit Finger-nageleindrücken oder mit bis zu drei Wulstreihen unter dem Rand verziert oder unverziert belassen. Solche Riesenbecher dienten vermutlich als Vorratsgefäße in den Siedlungen, manchmal fand man sie aber auch in Verbindung mit Bestattungen.

Der Begriff Riesenbecher wurde 1939 durch den Prähistoriker Karl Hermann Jacob-Friesen[2] (1886–1960) aus Hannover geprägt, der diese auffällig großen Tongefäße als die grobe Siedlungskeramik der Einzelgrab-Kultur betrachtete. Im Gegensatz dazu sah der Saarbrückener Prähistoriker Jan Lichardus 1979 in den Riesenbechern Zeugnisse einer völlig eigenständigen Kultur. Diese Ansicht konnte sich aber nicht durchsetzen.

Wie die Schnurkeramiker besaßen die Einzelgrab-Leute mit Holzstielen geschäftete Feuersteinbeile und Felsgesteinäxte, die als Arbeitsgeräte anzusehen sind. Als Waffen standen ihnen vor allem Streitäxte mit sorgfältig aus Felsgestein gearbeiteten und polierten Klingen zur Verfügung. Da ihre Form von der Seite gesehen manchmal an ein Boot erinnert, nennt man sie auch Bootäxte. Streitäxte könnten neben einer Funktion als Waffe auch eine solche im Kult oder zur Repräsentation besessen haben. Axtklingen aus seltenen Gesteinsarten wie Diabas und Diolorit wechselten wohl als Geschenke, Beutegut oder Handelsware den Besitzer.

Streitäxte der Einzelgrab-Kultur hat man auch in Kiel geborgen. Auf dem Eichhof wurde eine zwölf Zentimeter lange Klinge einer Streitaxt gefunden. In Kiel-Esmarchstraße entdeckte man bei der Ausschachtung für einen Hausbau zwei Streitäxte in einem Grab oder Hort.

Aus Mecklenburg kennt man etliche mit Ritzverzierungen versehene Steinäxte, deren Verzierungen vielleicht auf die Zahl

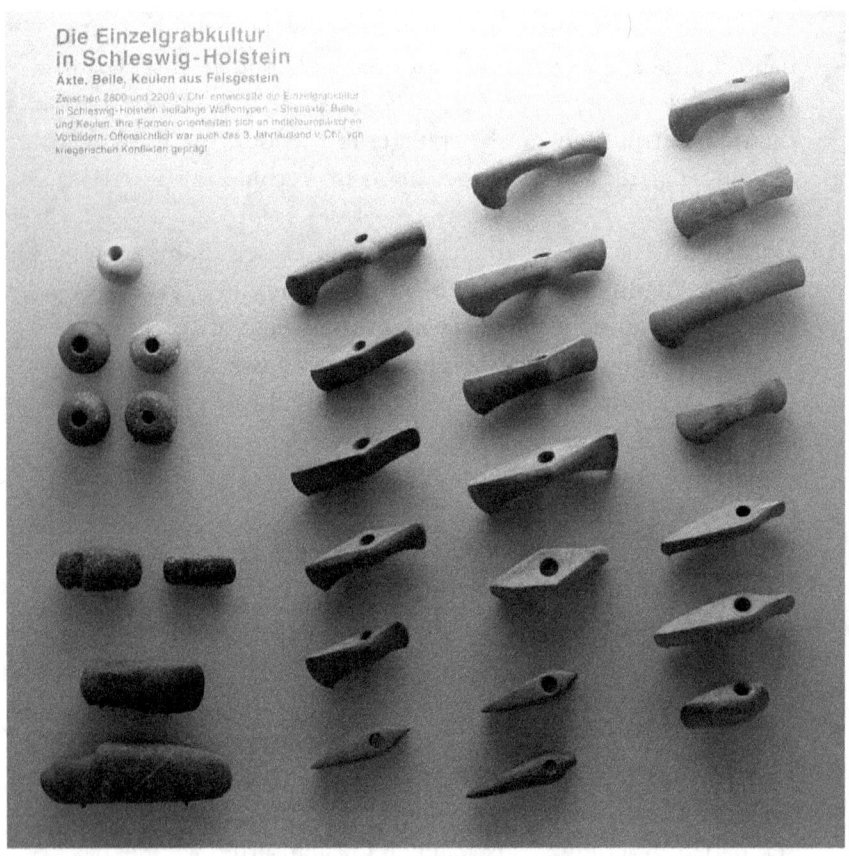

Äxte, Beile und Keulenköpfe aus Felsgestein
der Einzelgrab-Kultur aus Schleswig-Holstein.
Originale im Archäologischen Landesmuseum Schleswig-Holstein,
Schloss Gottdorf.
Foto: Einsamer Schütze / CC BY-SA 3.0
(via Wikimedia Commons),
lizensiert unter Creative-Commons-Lizenz by-sa-3.0-de,
https://creativecommons.org/licenses/by-sa/3.0/legalcode

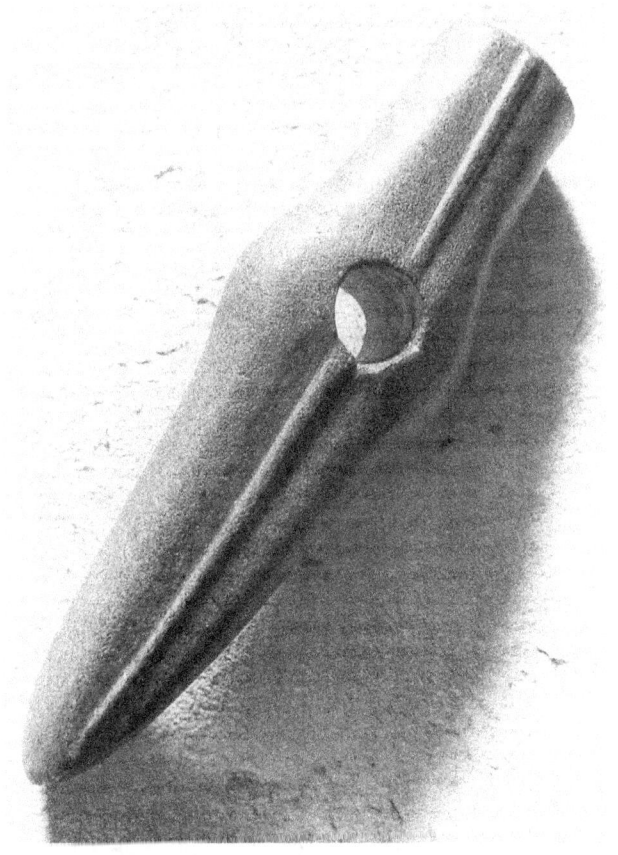

*Streitaxt aus Felsgestein mit Nachbildung der Gussnaht
metallener Vorbilder von Wittenborn (Kreis Segeberg)
in Schleswig-Holstein. Länge 18,5 Zentimeter.
Original im Archäologischen Landesmuseum
der Christian-Albrechts-Universität, Schleswig.
Foto: Archäologisches Landesmuseum
der Christian-Albrechts-Universität zu Kiel, Schloss Gottdorf,
Schleswig*

Bau eines Großsteingrabes
zur Zeit der nordwestdeutschen Trichterbecher-Kultur
in Norddeutschland mit aufgeschüttetem Hügel,
Balkenrollen, Hebebalken und tonnenschweren Steinplatten.
Die Errichtung solcher arbeits- und zeitaufwändiger Gräber
stellt eine imposante Leistung dar.
Zeichnung: Fritz Wendler (1941–1995)
für das Buch „Deutschland in der Steinzeit" (1991)
von Ernst Probst

des damit erlegten Wildes oder gar der getöteten Feinde hinweisen sollen. Manche dieser Steinäxte weisen deutliche Gebrauchsspuren auf. Als Fernwaffe dienten Pfeil und Bogen, wovon rhomische, lanzettförmige, dreieckige und gestielte Pfeilspitzen zeugen. Die Streitäxte der Einzelgrab-Kultur imitieren teilweise kupferne Vorbilder. Man hat die Steinäxte rnit Rippen versehen, welche die charakteristische Gussnaht von im Zweischalenguss hergestellten Metallgegenständen nachahmen. Eine solche Steinaxt mit Gussnaht wurde beispielsweise in Wittenborn (Kreis Segeberg) gefunden. Bisher sind an Fundstellen der Einzelgrab-Kultur keine Kupferprodukte entdeckt worden. Als Nahkampfwaffe und vermutlich auch als Messer benutzte man beidseitig retuschierte dicke Feuersteinspitzen. Kräftige lange, schwach gebogene Feuersteinklingen heißen Spandolche. Teilweise bestehen diese aus importiertem nordwestfranzösischem Grand-Pressigny-Feuerstein. Eine Feuersteinmine in der Gemeinde Le Grand-Pressigny im Département Indre-et Loire in Frankreich gilt als berühmte Abbaustätte eines charakteristischen Feuersteins zur Anfertigung prähistorischer Steingeräte. Der Übergang von den Kollektivbestattungen der Trichterbecher-Kultur zu den Einzelbestattungen der Einzelgrab-Kultur mit der Betonung des Individuums im Totenritual markiert einen tiefgreifenden religiösen und gesellschaftlichen Wandel. Nach der 1992 vertretenen Ansicht des niederländischen Prähistorikers Jan Albert Bakker handelt es sich hierbei um eine echte kulturelle, soziale und religiöse Revolution. Die Einzelgrab-Leute haben ihre Toten meist unverbrannt bestattet, wobei ein Grab über dem anderen angelegt wurde. Bestattungen in tönernen Urnen oder Behältnissen aus vergänglichem Material bildeten Ausnahmen von der Regel. In

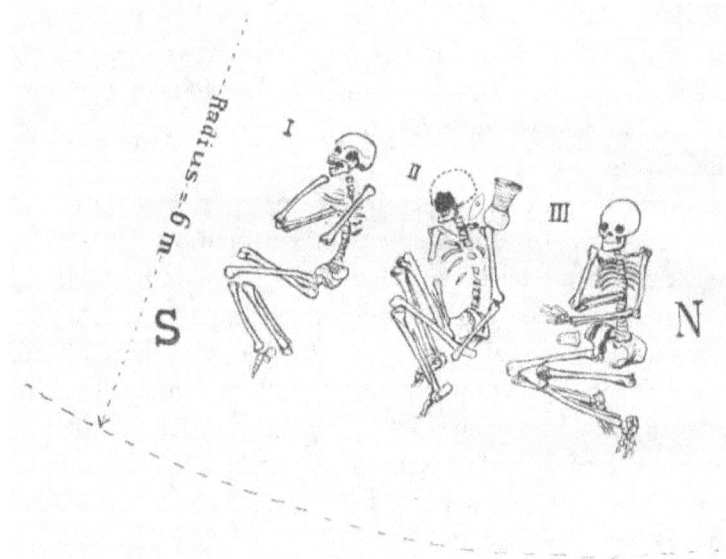

Schnurkeramische Hockerbestattungen
mit zum Körper hin angezogenen Beinen
im Derfflinger Hügel bei Kalbsrieth (Kyffhäuserkreis) in Thüringen.
Bild: Armin Möller (1865–1938):
Der Derfflinger Hügel bei Kalbsrieth (Grossherzogtum Sachsen) :
eine thüringische Nekropole aus dem Unstruttale
von der Steinzeit bis zur Einführung des Christentums benutzt
(= Festschrift zur 43. allgemeinen Versammlung
der Deutschen Anthropologischen Gesellschaft
4.–8. August 1912 in Weimar. Heft 3). Fischer, Jena 1912.

der frühesten Periode der Einzelgrab-Kultur tiefte man eine Art von Schachtgrab in den Boden. Es wird als Untergrab[3] bezeichnet. Im folgenden Abschnitt legte man die Gräber auf dem ebenen Erdboden an und schüttete darüber Sand oder Erde zu Hügeln von selten mehr als einem Meter Höhe und 8 bis 15 Meter Durchmesser auf. In diesem Fall ist von einem Bodengrab die Rede. Spätere Gräber nennt man Obergrab, und noch höher gelegene heißen Oberstgrab. Die Gräber wurden zuweilen mit einer Reihe oder zwei Reihen kleinerer Steine oder Holzpalisaden umgeben. Die Verstorbenen ruhten in einem Baumsarg oder in einem aus Holzbohlen zusammengesetzten Sarg mit Eckpfosten, der keinen Boden besaß. Die Särge sind manchmal als dunkle Verfärbung im Erdreich erkennbar. Teilweise machte man sich nicht die Mühe, selbst ein Grab zu schaffen, sondern bestattete in älteren Großsteingräbern der Trichterbecher-Kultur.

Die Körperhaltung und Ausrichtung verstorbener Einzelgrab-Leute entsprach derjenigen der Schnurkeramischen Kulturen. Meistens war seitliche Hockerlage mit zum Körper angezogenen Beinen üblich. Selten nahm man Gestrecktbestattungen vor. Bei den Männern lag der Kopf im Westen, bei den Frauen im Osten. Beliebte Grabbeigaben waren Becher, Amphoren und Steinäxte. Ein in Eichwerder (Kreis Märkisch-Oderland) in Brandenburg auf der rechten Seite mit zum Körper hin angezogenen Beinen bestatteter Mann war mit vielen Beigaben versehen. Man hatte ihm einen reichverzierten Becher, eine Axt, acht Pfeilspitzen, ein Feuersteinmesser und eine Knochennadel mit ins Grab gelegt. „Vom reichsten Inventar der Einzelgrabkultur im Lande" ist im Online-Lexikon „Wikipedia" im Zusammenhang mit einem Grab in Möckern (Kreis Jerichower Land) die Rede. Im Mai 2009 galt dies als der „Fund des Monats".

Erdal-Bilderreihe Nr. 117 Bild 5

Zeichnung „Glockenbecherleute"
von Gerhard Beuthner (1867–nach 1935),
veröffentlicht in dem Erdal-Bilderbuch „Aus Deutschlands Vorzeit"
(1937) von Erich Lissner (1902–1980)

Brandbestattungen in Flachgräber kamen selten vor. Von drei bei Schönfeld (Kreis Prignitz) in Brandenburg entdeckten Brandgräbern enthielt eines neben rhombischen und lanzettförmigen Pfeilspitzen auch eine Schmuckkette mit Knochenperlen und einen gestielten Ringanhänger. Derartige Ringanhänger kennt man auch von der Schönfelder Kultur (etwa 2.500 bis 2.100 v. Chr.), der Schnurkeramik und der Glockenbecher-Kultur in Mitteldeutschland, Böhmen und Süddeutschland.

Zu den größten Friedhöfen der Einzelgrab-Kultur zählt der bei Goldbeck[4] (Kreis Stade) in Niedersachsen mit etwa 140 Hügelgräbern, von denen jedoch ein beträchtlicher Teil aus der Zeit vor und nach der Einzelgrab-Kultur stammen dürfte. Andere Friedhöfe umfassten kaum ein Dutzend Grabhügel. In diese Kategorie fällt ein 1936 im Lohwald bei Altenbauna[5] (Kreis Kassel) in Nordhessen untersuchtes Gräberfeld. Heute befindet sich an dieser Stelle des Waldes das VW-Werk Baunatal. Die männlichen Bestatteten der Einzelgrab-Kultur wurden in der Regel mit einer Streitaxt, mindestens einem Feuersteinbeil, einem Feuersteinmesser und einem tönernen Becher versehen. Den Frauen gab man ebenfalls häufig ein Feuersteinmesser und einen Becher mit ins Grab. Außerdem trugen sie vielfach Halsketten mit Bernsteinperlen. Solche Beigaben deuten auf den Glauben an ein Weiterleben im Jenseits hin.

Gewisse Einblicke in die religiöse Vorstellungswelt der Einzelgrab-Leute erlauben zwei ungewöhnliche Bestattungen in Metzendorf-Woxdorf (Kreis Harburg) in Niedersachsen sowie in Tensfeld (Kreis Segeberg) in Schleswig-Holstein. In Metzendorf-Woxdorf[6] lag ein männlicher Schädel in einer Fußschale mit 10,5 Zentimeter Höhe und einem Mündungsdurchmesser von 20,7 Zentimetern. Die Fußschale war am oberen Teil mit einer für die Einzelgrab-Kultur typischen

Schädelbestattung von Metzendorf-Woxdorf
(Kreis Harburg) in Niedersachsen:
Riesenbecher, Fußschale und darin ein menschlicher Schädelrest.
Archäologisches Museum Hamburg /
CC BY-SA 3.0 DE (via Wikimedia Commons),
lizensiert unter Creative-Commons-Lizenz by-sa-3.0-de,
https://creativecommons.org/licenses/by-sa/3.0/de/legalcode

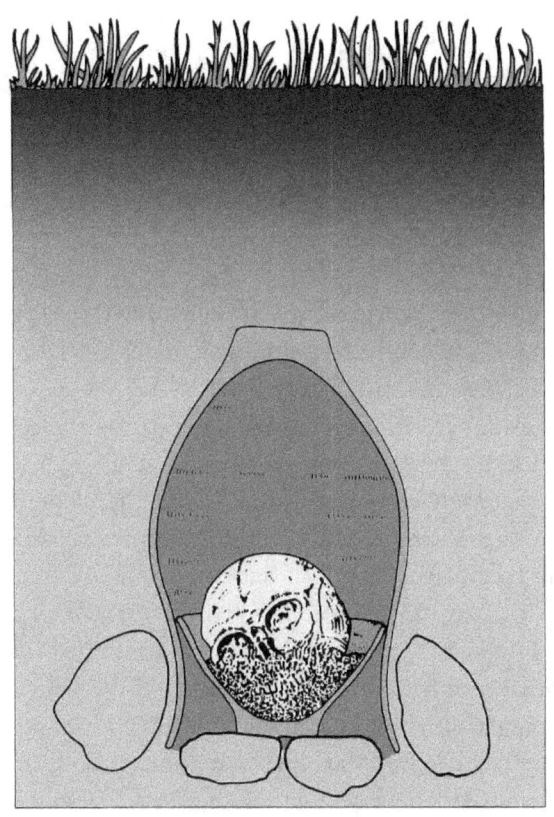

*Rekonstruktion der Schädelbestattung von Metzendorf-Woxdorf
(Kreis Harburg) in Niedersachsen.
Zeichnung: Archäologisches Museum Hamburg /
CC BY-SA 3.0 DE
(via Wikimedia Commons),
lizensiert unter Creative-Commons-Lizenz by-sa-3.0-de,
https://creativecommons.org/licenses/by-sa/3.0/de/legalcode*

Verzierung geschmückt. Sie stand auf Steinen und war von weiteren Steinen umgeben. In der Schale befand sich das bis zu den Ohrknochen und zum Nasenbein erhaltene Schädeldach, während der Gesichtsteil fehlte. Letzterer dürfte in der humosen Schalenfüllung verwest sein. Über diese Schädelreste hatte man einen 42,5 Zentimeter hohen Riesenbecher mit einem Mündungsdurchmesser von 24 Zentimetern gestülpt.

Die Schädelbestattung von Metzendorf-Woxdorf weist Parallelen zu ähnlichen Erscheinungen in der bronzezeitlichen Aunjetitzer Kultur (etwa 2.300 bis 1.600/1.500 v. Chr.) von Böhmen auf, wo solche Schädelbestattungen in einigen Gräberfeldern nachgewiesen wurden. In jener Zeit lässt sich in Niedersachsen ein verstärktes Vordringen der Leichenverbrennung beobachten. Dokumentiert wird dies beispielsweise durch den Urnenfriedhof Sande-Hekathen bei Hamburg. In Tensfeld[7] hatte man offenbar einen verstorbenen Häuptling in einem Hügelgrab, das von einem Steinkreis mit 14,50 Meter Durchmesser umfriedet war, zur letzten Ruhe gebettet. Der Anführer lag in einem von Steinen bedeckten Holzsarg. Damit es ihm auch im Jenseits an nichts mangelte, hatte man ihm einen Becher, einen Feuersteindolch, ein Feuersteinbeil und eine Streitaxt mitgegeben. Unweit davon lagen auf engstem Raum zehn menschliche Schädel und zahlreiche Knochen auf einem Haufen. An den Schädeln fällt auf, dass jeweils der Unterkiefer fehlt. Der Prähistoriker Karl Wilhelm Struve (1917–1988) aus Schleswig meinte, dass es sich bei diesem ungewöhnlichen Fund um die Überreste von Sklaven oder Gefangenen handelt, die dem toten Häuptling geopfert wurden. Vielleicht sollten sie ihm als Dienerschaft im Jenseits auch weiterhin zur Verfügung stehen.

Axtfunde der Einzelgrab-Kultur wie jene aus einem Flachgrab

von Wittenborn (Kreis Segeberg) werden gelegentlich als Opfer für überirdische Mächte interpretiert. Der dänische Reichsantiquar Peter Vilhelm Glob (1911–1985) nahm 1944 eine Gliederung der Streitäxte in zwölf Typen vor. Laut Online-Lexikon „Wikipedia" unterscheidet man: klassische A Axt Typen A1 und A2, herabgezogener Nacken, degenerierte A Äxte Typen A3 und A4, C Äxte, G Äxte, H Bootäxte, K Äxte mit zusammengekniffenem Nacken, Facettenäxte, Zapfenkeile. Äxte von A bis E ordnet man der Untergrabzeit zu, Äxte von F bis J der Bodengrabzeit und Äxte von K und L der Obergrabzeit. Wegen der zahlreichen Axtfunde der Einzelgrab-Kultur wird diese zu den Streitaxt-Kulturen gerechnet.

Die auf Luftbildern entdeckte Kreisgrabenanlage von Pömmelte-Zackmünde, einem Ortsteil der Stadt Barby (Salzlandkreis) in Sachsen-Anhalt, wurde jahrhundertelang von Angehörigen der Schnurkeramischen Kulturen und der Glockenbecher-Kultur aus der Jungsteinzeit sowie der Aunjetitzer Kultur aus der Frühbronzezeit für religiöse Riten genutzt. Der schnurkeramische Anteil an den Funden ist jedoch gering. Man bezeichnete die zwischen 2005 und 2008 ausgegrabene Anlage als „Klein-Stonehenge" und als „Ringheiligtum Pömmelte". Von Prähistorikern wird die Kreisgrabenanlage von Pömmelte-Zackmünde mit den englischen „Henge-Monumenten" Woodhenge und Durrington Walls verglichen. Die gesamte Kreisgrabenanlage hat einen Durchmesser von etwa 115 Metern. Sie besteht aus sieben Teilen, die zu unterschiedlichen Zeiten entstanden:

einem äußeren Pfostenring, der teilweise mit Gräben umgeben ist,

einem Ringgraben, der aus einzelnen Gruben bestand,

einem eigentlichen Kreisgraben mit einem Durchmesser von

Rekonstruktion der Kreisgrabenanlage von Pömmelte-Zackmünde,
einem Ortsteil der Stadt Barby (Salzlandkreis) in Sachsen-Anhalt.
Foto: Diwan / http://www.flickr.com/photos/diwan /
CC BY-SA 4.0 (via Wikimedia Commons),
lizensiert unter CreativeCommons-Lizenz by-sa-4.0-de,
https://creativecommons.org/licenses/by-sa/4.0/legalcode

Teil der rekonstruierten Kreisgrabenanlage von Pömmelte-Zackmünde,
einem Ortsteil der Stadt Barby (Salzlandkreis) in Sachsen-Anhalt.
Die Anlage befindet sich nahe des Flugplatzes Zackmünde.
Foto: FrankBothe / CC BY-SA 4.0 (via Wikimedia Commons),
lizensiert unter Creative-Commons-Lizenz by-sa-4.0-de,
https://creativecommons.org/licenses/by-sa/4.0/legalcode

1905/06 wissenschaftliche Auswertung durch den Gymnasiallehrer und Prähistoriker Paul Kupka (1866–1949), 1920er Jahre Ausgrabungen durch Hans Lies (1900–1981) in Gerwisch, Jerichower Land, 1949 Untersuchungen der Gräber auf dem Taubenberg bei Wahlitz, Kreis Jerichower Land, 2008 Ausgrabungen bei Stegelitz, Jerichower Land.

Die Dolchzeit

Im Raum Hamburg, in Schleswig-Holstein und in Dänemark folgte auf die Einzelgrab-Kultur die Dolchzeit (etwa 2.300 bis 1.600 v. Chr.), dänisch: Dolktid. Diese gilt als die letzte jungsteinzeitliche Kulturstufe im nördlichen Mitteleuropa und wird dem nordischen Spätneolithikum zugerechnet. Sie begann zu einem Zeitpunkt, zu dem in Böhmen und Mitteldeutschland, in Süd- und Südwestdeutschland schon die ersten frühbronzezeitlichen Kulturen erschienen.

Den Begriff Dolchzeit hat 1902 der damalige Direktor des Nationalmuseums in Kopenhagen, der Prähistoriker Sophus Müller (1846–1934), geprägt. Er basiert auf den zahlreichen Funden von Feuersteindolchen aus der fraglichen Zeitspanne. Weil Steinkisten die vorherrschende Grabform waren, sprach man auch von Steinkistenzeit (dänisch: Hellekistetid).

Im Verbreitungsgebiet dieser Kulturstufe waren hauptsächlich Eichenwälder mit viel Erlen und sehr viel Haselnusssträuchern verbreitet. Buchen kamen nur noch sehr selten vor. An Wildtieren wurden in den Gräbern unter anderem die Überreste von Auerochsen, Rothirschen, Rehen und Wildschweinen gefunden.

Zeitgenossen der noch auf jungsteinzeitlichem Entwicklungsniveau verharrenden Dolchzeit-Leute waren die allesamt bereits frühbronzezeitlichen Aunjetitzer Leute in Böhmen und Mitteldeutschland, die Straubinger Leute in Bayern, die Singener Leute in Baden-Württemberg und die Adlerberg-Leute in Rheinland-Pfalz. Sie beherrschten im Gegensatz zu den Dolchzeit-Leuten bereits die Herstellung von Bronze. Auch in dieser Phase der Urgeschichte war der Norden Europas rückschrittlicher als der Süden. Im Norden begannen die Jungsteinzeit und die Bronzezeit später als im Süden.

Dänischer Prähistoriker Sophus Müller (1846–1934).
Aufnahme eines unbekannten Fotografen.
Königliche Bibliothek, Kopenhagen (via Wikimedia Commons),
Lizenz: gemeinfrei (Public domain)

In Dänemark waren die Häuser 5 bis 7 Meter breit und bis zu 45 Meter lang. Manchmal bemerkte man Anzeichen einer Raumaufteilung, aber keinen Stallbereich.

Wie die Einzelgrab-Leute betätigten sich auch die Dolchzeit-Leute als Ackerbauern und Viehzüchter. Sie ernährten sich vor allem von den Erträgen ihrer Landwirtschaft, betrieben aber in einem gewissen Maße auch Jagd und Fischfang. Die dickwandigen und unverzierten Tongefäße der Dolchzeit-Leute wurden nicht mehr so sorgfältig hergestellt, wie dies in früheren jungsteinzeitlichen Kulturen der Fall gewesen ist.

In der Dolchzeit wurde die Streitaxt mit steinerner Klinge und Holzschaft, die vorher im Verbreitungsgebiet dieser Kulturstufe die wichtigste Waffe darstellte, durch den Feuersteindolch ersetzt. Diese Waffen sind von Meistern ihres Faches zurechtgeschlagen worden. Die Anfertigung eines 15 bis 20 Zentimeter langen Dolches nahm mindestens zweieinhalb Stunden in Anspruch. Es hat den Anschein, dass die Feuersteindolche metallene Vorbilder der frühbronzezeitlichen Aunjetitzer Kultur nachahmten.

Die ältesten Formen der dolchzeitlichen Feuersteindolche besaßen noch keinen Griff. Diese prächtigen Waffen wurden erst im Laufe der Zeit mit einem Schaft und später mit einem verdickten Griff versehen. Die höchste Vollendung erreichten die sogenannten Fischschwanzdolche, deren Umriss fischähnlich wirkt. Ihnen folgten gegen Ende der Dolchzeit „degenerierte Fischschwanzdolche".

Zu den schönsten Funden aus der Dolchzeit zählt der Feuersteindolch aus dem „Weißen Moor" bei Wiepenkathen (Kreis Stade) in Niedersachsen. Dieser Dolch wurde am 23. Mai 1935 von den landwirtschaftlichen Arbeitern Wilhelm Deede und Klaus Deede aus Wiepenkathen beim Torfstechen

Feuersteindolch aus dem „Weißen Moor"
bei Wiepenkathen (Kreis Stade) in Niedersachsen.
Foto: Museum Stade / CC BY-SA 4.0
(via Wikimedia Commons),
lizensiert unter Creative-Commons-Lizenz by-sa-4.0,
https://creativecommons.org/licenses/by-sa/4.0/legalcode

in etwa 1,10 Meter Tiefe entdeckt. Er war offenbar als Opfergabe für eine überirdische Macht gedacht.

Aus Europa kennt man außer dem Fund bei Wiepenkathen nur drei weitere Feuersteindolche, bei denen Teile der Lederscheide erhalten sind. Die Wiepenkathener Dolchklinge ist aus hellgrauem Feuerstein zurechtgeschlagen worden. Sie misst 19,8 Zentimeter Länge, maximal 3,7 Zentimeter Breite und 0,9 Zentimeter Dicke. Einmalig an diesem Dolch sind die Erhaltung des Textilgewebes unter dem 6,9 Zentimeter langen Holzgriff und die Reste der 14,1 Zentimeter langen Lederscheide aus Schafleder. An den beiden Knickstellen im Innern der Lederscheide, die mit den Schneiden des Dolches in Berührung kamen, hatte man zur Verstärkung je einen Streifen dünnen Schafleders eingeklebt. Die beiden Enden der Lederscheide wurden nach außen aufgebogen und mit einem dünnen Lederfaden vernäht. In die Oberseite der Lederscheide schlug man ein Tannenzweigmuster ein. Diese Verzierung dürfte beim Tragen der Waffe auf der dem Körper abgewandten Seite sichtbar gewesen sein. Die Feuersteinklinge wurde mit einem Tuchfetzen umwickelt und in den Holzgriff eingeklemmt. Die Wollfäden des Tuches stammten vor allem von Schafen. Sie waren aber mit Haaren vom Rind, von der Ziege und vom Pferd vermischt. Der 70 Zentimeter lange Tragriemen und der 35 Zentimeter lange Schnürriemen aus Rinderleder sind um den Dolch gewickelt worden. Dies verrät, dass man den Dolch nicht zufällig verloren, sondern bewusst abgelegt hat.

Noch am Tag der Entdeckung erfuhr das Museum Stade vom Dolchfund bei Wiepenkathen. Daraufhin führte der Lehrer, damalige Leiter des Museums Stade und Bodendenkmalpfleger Adolf Cassau (1898–1988) sorgfältig eine Nachgrabung durch und nahm Bodenproben für Bodenanalysen. Der Originalfund des Dolches wird im Museum Stade aufbewahrt.

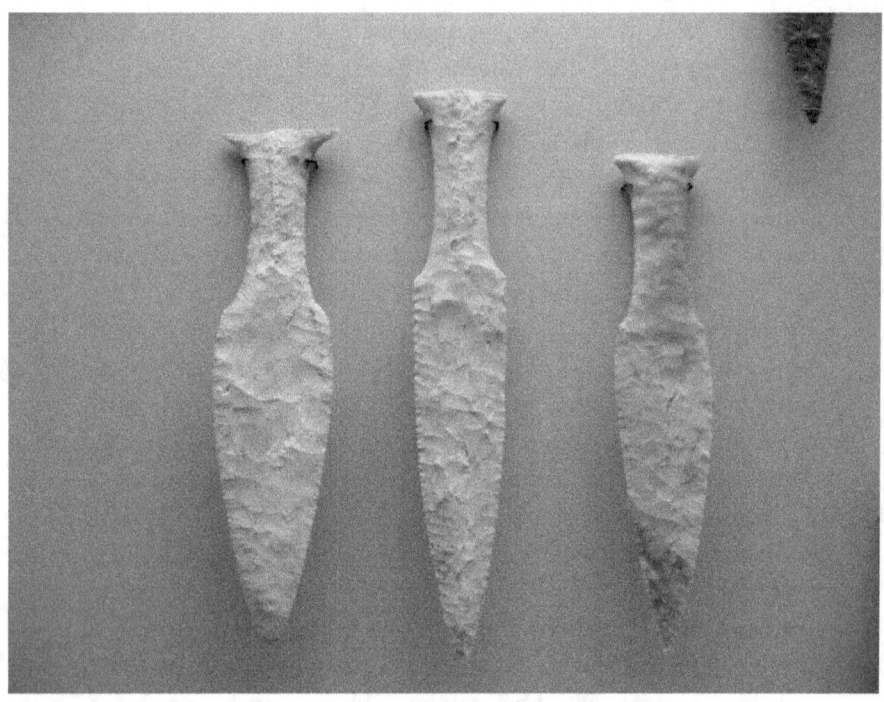

Drei Fischschwanzdolche
im Museum für Archäologie Schloss Gottorf, Schleswig.
Foto: Bullenwächter / CC BY-SA 3.0
(via Wikimedia Commons).

Außer Dolchen aus grauem Feuerstein hat man vereinzelt auch solche aus schwarzem Feuerstein geschaffen, wie ein Fund aus Husum (Kreis Nordfriesland) in Schleswig-Holstein belegt. Die meisten Feuersteindolche wurden in Erd- und Steinpackungsgräbern entdeckt. Typische Beigaben für Bestattungen der Dolchzeit sind ein Feuersteindolch, ein kleiner Becher und ein Feuersteinschläger. Ein Grab mit diesen Beigaben wurde zum Beispiel in Friedland (Neubrandenburg) entdeckt. Die Ausrüstung der Toten mit der wichtigsten Waffe der Lebenden belegt den Glauben an das Weiterleben im Jenseits. Die Niederlegung des prächtigen Dolches von Wiepenkathen im Moor deutet nach Ansicht von Prähistorikern darauf hin, dass die Religion der Dolchzeit mit Opfergaben an Gottheiten verbunden war, deren Wohnsitz man in solch unwegsamem Gelände vermutete. Aus Vesterkjaernet unweit des Limfjord in Nordjütland (Dänemark) ist ein 15-teiliges Dolchdepot bekannt.

Anmerkungen

1] Johanna Mestorf kam am 15. April 1828 in Bramstedt/ Holstein zur Welt. Die Tochter eines Arztes wurde 1873 Kustodin und 1891 Direktorin des Kieler Museums. Sie war die erste Museumsdirektorin in Deutschland und erhielt als erste Frau zu ihrem 70. Geburtstag den Professorentitel der Universität Kiel. Johanna Mestorf verfasste viele Arbeiten über die vorgeschichtlichen Altertümer von Schleswig-Holstein und prägte 1892 den Begriff Einzelgrab-Kultur. Sie starb am 20. Juli 1909 in Kiel.

2] Karl Hermann Jacob-Friesen (1886–1960) war ab 1910 Assistent am Museum für Völkerkunde Leipzig, ab 1913 Direktorialassistent am Provinzialmuseum Hannover, ab 1919 Abteilungsdirektor der urgeschichtlichen Sammlung und 1921 bis 1951 Direktor des Provinzialmuseums Hannover (seit 1933 Landesmuseum, seit 1946 Niedersächsisches Landesmuseum).

3] Die Abfolge Untergräber, Bodengräber und Obergräber wurde von dem Prähistoriker Sophus Müller (1846–1934) aus Kopenhagen erkannt. Müller war zunächst im Schuldienst und unternahm Studienreisen. 1878 wurde er Assistent beim Altnordischen Museum in Kopenhagen, 1885 dort Inspektor und von 1892 bis 1921 Direktor des Nationalmuseums in Kopenhagen. Er erwarb sich große Verdienste um die archäologische Denkmalpflege, leitete Grabungen und publizierte darüber. 1902 prägte er den Namen Dolchzeit (etwa 2.300 bis 1.600 v. Chr.)

4] Der Friedhof von Goldbeck bei Stade war schon im 19. Jahrhundert bekannt.

5] Im Lohwald bei Altenbauna wurden 1936 elf Grabhügel der Einzelgrab--Kultur entdeckt.

6] Die Schädelbestattung von Metzendorf-Woxdorf wurde 1958 entdeckt und durch den damals in Hamburg wirkenden Prähistoriker Willi Wegewitz (1898–1996) ausgegraben.

7] Die Gräber von Tensfeld wurden 1859 von der Kieler Prähistorikerin Johanna Mestorf (1828–1909) beschrieben.

 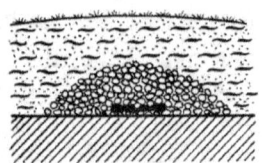 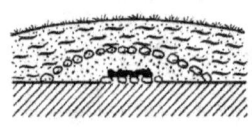

Formen von Einzelgräbern in Nordwestdeutschland.
Zeichnung aus Carl Schuchhardt (1859–1943):
Deutsche Vor- und Frühgeschichte in Bildern,
München/Berlin 1936

Becher der Einzelgrab-Kultur von Bordesholm
(Kreis Rendsburg-Eckernförde) in Schleswig-Holstein.
Foto aus Carl Schuchhardt (1859–1943):
Deutsche Vor- und Frühgeschichte in Bildern,
München/Berlin 1936

Literatur

AHRENS, Claus: Vorgeschichte des Kreises Pinneberg und der Insel Helgoland, Neumünster 1966.

ALBRECHT, Klaus: Die Stele von Wellen. Mondkalender – Mondsymbolik? www.jungsteinSITE.de, 14. November 1999

ARCTICUS, Rüdiger: Prof. Dr. med. Johanna Mestorf – Sie starb vor 75 Jahren. In: Die Heimat, Zeitschrift für Natur- und Landeskunde von Schleswig-Holstein und Hamburg, S. 233–235, Neumünster 1984.

BAUCH, Wolfgang: Eine Nachbestattung der Einzelgrabkultur mit Pferdeschädel in einem Megalithgrab von Borgstedt, Kreis Rendsburg-Eckernförde. In: Offa, S. 43–73, Neumünster 1988.

BECKER, Carl Johan: Streitaxtkulturen im Norden. In, FILIP, Jan: Enzyklopädisches Handbuch zur Ur- und Frühgeschichte Europas, Band II (L–Z), S. 1393–1394, Stuttgart, Berlin, Köln, Mainz 1969.

BELTZ, Erika: Zum Problem der Südausdehnung der mecklenburgischen Einzelgrabkultur zwischen Elbe und Oder unter besonderer Berücksichtigung der Keramikfunde, Diplomarbeit, Berlin 1968.

BROZIO, Jan Piet: Zur absoluten Chronologie der Einzelgrabkultur in Norddeutschbland und Nordjütland. In. Germania, Band 96, S. 45–92, Frankfurt am Main 2019.

FIEDLER, Uwe: Mit Axt und Beil: ein reiches neolithisches Grab aus Möckern. Das reichste Inventar der Einzelgrabkultur im Lande. Online beim Landesamt für Denkmalpflege und Archäologie Sachsen-Anhalt

GEISLER, Horst: Gräber der Einzelgrabkultur und der jüngeren Bronzezeit von Schönermark, Kr. Angermünde. In: Ausgrabungen und Funde, S. 128–130, Berlin 1966.

HARTEN, Lorenz / KLOSS, Stefanie / NAKOINZ, Oliver: Neolithische Siedlungsspuren unterm Weihnachtsbaum. In: Archäologische Nachrichten aus Schleswig-Holstein, Kiel/Hamburg 2011.

HECHT, Dirk: Das schnurkeramische Siedlungswesen im südlichen Mitteleuropa. Eine Studie zu einer vernachlässigten Fundgattung im Übergang vom Neolithikum zur Bronzezeit, Heidelberg 2007.

JACOBS, Jörn: Die Einzelgrabkultur in Mecklenburg-Vorpommern (Beiträge zur Ur- und Frühgeschichte Mecklenburg-Vorpommerns, Band 24), Schwerin 1991.

KAUFMANN, Dieter: Keramische Funde der Einzelgrabkultur bzw. Oderschnurkeramik in den mecklenburgischen Bezirken. In: BEHRENS, Hermann / SCHLETTE, Friedrich (Herausgeber): Die neolithischen Becherkulturen im Gebiet der DDR und ihre europäischen Beziehungen. Vorträge der Tagung 1967 (Veröffentlichungen des Landesmuseums für Vorgeschichte in Halle, Band 24), S. 115–123, Berlin 1969.

LAUX, Friedrich / BUSCH, Ralf (Herausgeber): Schädelbestattung aus Metzendorf-Woxdorf, Gem. Seevetal, Ldkr. Harburg. In: Hamburger Museum für Archäologie und die Geschichte Harburgs, Helms-Museum, S. 28–29, Hamburg-Harburg 1995.

LIDKE, Gundula: Untersuchungen zur Bedeutung von Gewalt und Aggression im Neolithikum Deutschlands unter besonderer Berücksichtigung Norddeutschlands, Dissertation, Greifswald 2005.

MESTORF, Johanna: Aus dem Steinalter. Gräber ohne

Steinkammer unter Bodenniveau. In: Mitteilungen des Anthropologischen Vereins in Schleswig--Holstein, Heft 54, S. 9–24 , Kiel 1892.

NILIUS, Ingeburg: Beitrag zur Stellung der Einzelgrabkultur in Mecklenburg. In: Jahresschrift für mitteldeutsche Vorgeschichte, Band 64, S. 63–87, Halle/Saale 1981.

NILIUS, Ingeburg: Einzelgrabkultur. In: HERRMANN, Joachim: Lexikon früher Kulturen, Band 1, A/L, S. 233, Leipzig 1984.

PETERSEN, Hiltrud: Die Einzelgrab-Kultur in Schleswig-Holstein und dem überregionalen Umfeld. Probleme und Prospektionen, München 2005.

PROBST, Ernst: Rekorde der Urzeit, München 1992.

RAETZEL-Fabian, Dirk: Revolution, Reformation, Epochenwechsel? Das Ende der Kollektivgrabsitte und der Übergang von der Wartberg- zur Einzelgrabkultur in Nordhessen und Westfalen. www.JungsteinSite.de, 5. Januar 2002

RIEDEL, Wolfgang: Karl Wilhelm Struve, geb. 12. 2. 1917, gest. 26. 6. 1988. In: Die Heimat, Zeitschrift für Natur- und Landeskunde von Schleswig-Holstein und Hamburg, S. 185–187, Neumünster 1988.

RÖSCHMANN, Jakob: Vorgeschichte des Kreises Flensburg, Neumünster 1963.

SCHEUNEMANN, Michael: Einzelgrabkultur. In: BEIER, H.-J. / EINICKE, R. (Herausgeber): Das Neolithikum im Mittelelbe-Saale-Gebiet und in der Altmark. Eine Übersicht und ein Abriß zum Stand der Forschung. In: Beiträge zur Ur- und Frühgeschichte Mitteleuropas, Band 4, S. 257–268, Langenweißbach 1994.

SCHMIDT, Herbert: Johanna Mestorf. In: Prähistorische Zeitschrift, S. 110/111, Berlin 1909.

STRUVE, Karl Wilhelm: Die Einzelgrabkultur in Schleswig-Holstein und ihre kontinentalen Beziehungen. In: Offa-Bücher, Neumünster 1955.

VOIGT, Theodor: Bemerkenswerte spätneolithische Brandgrabfunde von Biederitz, Kreis Burg. In: Jahresschrift für mitteldeutsche Vorgeschichte, S. 109–127, Halle/Saale 1956.

WEGEWITZ, Willi: Eine Schädelbestattung der Einzelgrabkultur. In: Nachrichten aus Niedersachsens Urgeschichte, S. 6–17, Neumünster 1960.

WETZEL, Günter: Oderschnurkeramik und Einzelgrabkultur in Brandenburg. In: BEHRENS, Hermann / SCHLETTE, Friedrich (Herausgeber):die neolithischen Becherkulturen im Gebiet der DDR und ihre europäischen Beziehungen. Vorträge der Tagung 1967. (Veröffentlichungen des Landesmuseum für Vorgeschichte in Halle, Band 24, S. 101–113), Berlin 1969.

WETZEL, Günter: Einzelgrabkultur (2800/2700–2200 v. Chr.). In: Historisches Lexikon Brandenburgs (/index.php/ de/pages/historisches-lexikon)

WIKIPEDIA (Online-Lexikon): Kreisgrabenanlage von Pömmelte.
https://de.wikipedia.org/wiki/ Kreisgrabenanlage_von_P%C3%B6mmelte

Die Dolchzeit

CASSAU, Adolf: Ein Feuersteindolch mit Holzgriff und Lederscheide aus Wiepenkathen, Kreis Stade. In: Mannus 27, S. 199–209, Leipzig 1937.

FILIP, Jan: Dolch. In: Enzyklopädisches Handbuch zur Ur- und Frühgeschichte Europas, S. 294, Prag 1966.

MÜLLER, Sophus: Flint dolkene i den nordiske Stenalder. In:

Nordiske Fortidsminder, Kopenhagen 1890–1903.

SEGER, Hans: Sophus Müller. In: Prähistorische Zeitschrift, S. 343, Berlin 1933.

PAULSEN, Harm: Die Herstellung von oberflächenretuschierten Dolchen und Pfeilspitzen. Experimentelle Archäologie in Norddeutschland. In: Archäologische Mitteilungen aus Nordwestdeutschland / Beiheft, S. 279–282, Oldenburg 1990.

SZCESIAK, Rainer: Eine Bestattung aus der Dolchgrabzeit aus Friedland, Neubrandenburg. In: Ausgrabungen und Funde, S. 116–119, Berlin 1989.

WIKIPEDIA (Online-Lexikon): Dolchzeit.
https://de.wikipedia.org/wiki/Dolchzeit

Autor Ernst Probst.
Foto: Klaus Benz, Fotograf, Mainz-Laubenheim

Der Autor

Ernst Probst, geboren am 20. Januar 1946 in Neunburg vorm Wald im bayerischen Regierungsbezirk Oberpfalz, ist Journalist und Wissenschaftsautor. Er arbeitete von 1968 bis 1971 bei den „Nürnberger Nachrichten", von 1971 bis 1973 in der Zentralredaktion des „Ring Nordbayerischer Tageszeitungen" in Bayreuth und von 1973 bis 2001 bei der „Allgemeinen Zeitung", Mainz. In seiner Freizeit schrieb er Artikel für die „Frankfurter Allgemeine Zeitung", „Süddeutsche Zeitung", „Die Welt", „Frankfurter Rundschau", „Neue Zürcher Zeitung", „Tages-Anzeiger", Zürich, „Salzburger Nachrichten", „Die Zeit", „Rheinischer Merkur", „Deutsches Allgemeines Sonntagsblatt", „bild der wissenschaft", „kosmos", „Deutsche Presse-Agentur" (dpa), „Associated Press" (AP) und den „Deutschen Forschungsdienst" (df). Aus seiner Feder stammen die Bücher „Deutschland in der Urzeit" (1986), „Deutschland in der Steinzeit" (1991), „Rekorde der Urzeit" (1992), „Dinosaurier in Deutschland" (1993 zusammen mit Raymund Windolf) und „Deutschland in der Bronzezeit" (1996). Von 2001 bis 2006 betätigte sich Ernst Probst als Buchverleger sowie zeitweise als internationaler Fossilienhändler und Antiquitätenhändler. Insgesamt veröffentlichte er mehr als 300 Bücher, Taschenbücher, Broschüren und über 300 E-Books.

Der holländische Theologe und Arzt Johan Picardt (1600–1670)
hielt 1660 die Großsteingräber für das Werk von Riesen.
Einige Menschen auf obigem Bild
stehen wie Zwerge als Zuschauer daneben.
Die Angehörigen der Einzelgrab-Kultur (etwa 2.800 bis 2.300
v. Chr.) haben teilweise ihre Verstorbenen
in älteren Großsteingräbern der Trichterbecher-Kultur
(etwa 4.300 bis 2.800 v. Chr.) bestattet.

Bücher von Ernst Probst

(Auswahl)

Als Mainz im Meer lag
Als Mainz noch nicht am Rhein lag
Das Mammut- Mit Zeichnungen von Shuhei Tamura
Der Europäische Jaguar
Der Mosbacher Löwe. Die riesige Raubkatze aus Wiesbaden
Der Rhein-Elefant. Das Schreckenstier von Eppelsheim
Der Ur-Rhein. Rheinhessen vor zehn Millionen Jahren
Deutschland im Eiszeitalter
Deutschland in der Frühbronzezeit
Deutschland in der Mittelbronzezeit
Deutschland in der Spätbronzezeit
Die Aunjetitzer Kultur in Deutschland
Die Straubinger Kultur in Deutschland
Die Singener Gruppe
Die Arbon-Kultur in Deutschland
Die Ries-Gruppe und die Neckar-Gruppe
Die Adlerberg-Kultur
Der Sögel-Wohlde-Kreis
Die nordische Bronzezeit in Deutschland
Die Hügelgräber-Kultur in Deutschland
Die ältere Bronzezeit in Nordrhein-Westfalen
Die Bronzezeit in der Lüneburger Heide
Die Stader Gruppe
Die Oldenburg-emsländische Gruppe
Die Urnenfelder-Kultur in Deutschland
Die ältere Niederrheinische Grabhügel-Kultur
Die Unstrut-Gruppe

Die Helmsdorfer Gruppe
Die Saalemündungs-Gruppe
Die Lausitzer Kultur in Deutschland
Die Dolchzahnkatze Megantereon
Die Dolchzahnkatze Smilodon
Die Säbelzahnkatze Homotherium
Die Säbelzahnkatze Machairodus
Die Schweiz in der Frühbronzezeit
Die Rhône-Kultur in der Westschweiz
Die Arbon-Kultur in der Schweiz
Die Schweiz in der Mittelbronzezeit
Die Schweiz in der Spätbronzezeit
Dinosaurier von A bis K. Von Abelisaurus bis zu
Kritosaurus
Dinosaurier von L bis Z. Von Labocania bis zu Zupaysaurus
Der rätselhafte Spinosaurus. Leben und Werk des Forschers
Ernst Stromer von Reichenbach
Eiszeitliche Geparde in Deutschland
Eiszeitliche Leoparden in Deutschland
Höhlenlöwen. Raubkatzen im Eiszeitalter
Hermann von Meyer. Der große Naturforscher aus
Frankfurt am Main
Johann Jakob Kaup. Der große Naturforscher aus
Darmstadt
Krallentiere am Ur-Rhein
Neues vom Ur-Rhein. Interview mit dem Geologen und
Paläontologen Dr. Jens Sommer
Österreich in der Frühbronzezeit
Österreich in der Mittelbronzezeit
Österreich in der Spätbronzezeit
Raub-Dinosaurier von A bis Z. Mit Zeichnungen von

Dmitry Bogdanav und Nobu Tamura
Rekorde der Urmenschen. Erfindungen, Kunst und Religion
Rekorde der Urzeit. Landschaften, Pflanzen und Tiere
Säbelzahnkatzen. Von Machairodus bis zu Smilodon
Säbelzahntiger am Ur-Rhein. Machairodus und
Paramachairodus
Was ist ein Menhir? Interview mit dem Mainzer
Archäologen Dr. Detert Zylmann
Wer ist der kleinste Dinosaurier? Interviews mit dem
Wissenschaftsautor Ernst Probst
Wer war der Stammvater der Insekten? Interview mit dem
Stuttgarter Biologen und Paläontologen Dr. Günther Bechly
6000 Jahre Kastel. Von der Steinzeit bis zum 21. Jahrhundert
5000 Jahre Kostheim. Von der Steinzeit bis zum 21.
Jahrhundert
Kastel in der Vorzeit. Von der Jungsteinzeit bis Christi
Geburt
Kostheim in der Vorzeit. Von der Jungsteinzeit bis Christi
Geburt
Wiesbaden in der SteinzeitAnno 1.000.000. Deutschland in
der älteren Altsteinzeit
Das Protoacheuléen. Eine Kulturstufe der Altsteinzeit vor etwa
1,2 Millionen bis 600.000 Jahren
Das Altacheuléen. Eine Kulturstufe der Altsteinzeit vor etwa
600.000 bis 350.000 Jahren
Das Jungacheuléen. Eine Kulturstufe der Altsteinzeit vor etwa
350.000 bis 150.000 Jahren
Das Spätacheuléen. Eine Kulturstufe der Altsteinzeit vor etwa
150.000 bis 100.000 Jahren
Die Lanze von Lehringen. Ein Jahrhundertfund aus der
Altsteinzeit
Das Moustérien – Die große Zeit der Neanderthaler

Die Mittelsteinzeit in Schleswig-Holstein, Mecklenburg und im nördlichen Brandenburg
Die ersten Bauern in Deutschland. Die Linienbandkeramische Kultur (5.500 bis 4.900 v. Chr.)
Die Ertebölle-Ellerbek-Kultur. Eine Kultur der Jungsteinzeit vor etwa 5.000 bis 4.300 v. Chr.
Die Stichbandkeramik. Eine Kultur der Jungsteinzeit vor etwa 4.900 bis 4.500 v. Chr.
Die Oberlauterbacher Gruppe. Eine Kulturstufe der Jungsteinzeit vor etwa 4.900 bis 4.500 v. Chr.
Die Hinkelstein-Gruppe. Eine Kulturstufe der Jungsteinzeit vor etwa 4.900 bis 4.800 v. Chr.
Die Rössener Kultur. Eine Kultur der Jungsteinzeit vor etwa 4.600 bis 4.300 v. Chr.
Die Kupferzeit. Wie die ersten Metalle in Mitteleuropa bekannt wurden
Die Michelsberger Kultur. Eine Kultur der Jungsteinzeit vor etwa 4.300 bis 3.500 v. Chr.
Das Rätsel der Großsteingräber. Die nordwestdeutsche Trichterbecher-Kultur vor etwa 4.300 bis 3.000 v. Chr.
Die Baalberger Kultur. Eine Kultur der Jungsteinzeit vor etwa 4.300 bis 3.700 v. Chr.
Pfahlbauten in Süddeutschland. Dörfer der Jungsteinzeit und Bronzezeit an Seen, Mooren und Flüssen
Die Altheimer Kultur / Die Pollinger Gruppe. Zwei Kulturen der Jungsteinzeit vor etwa 3.900 bis 3.500 v. Chr.
Die Salzmünder Kultur. Eine Kultur der Jungsteinzeit vor etwa 3.700 bis 3.200 v. Chr.
Die Chamer Gruppe. Eine Kulturstufe der Jungsteinzeit vor etwa 3.500 bis 2.800 v. Chr.
Die Wartberg-Kultur. Eine Kultur der Jungsteinzeit vor etwa

3.500 bis 2.800 v. Chr.
Die Walternienburg-Bernburger Kultur. Eine Kultur der
Jungsteinzeit vor etwa 3.200 bis 2.800 v. Chr.
Die Kugelamphoren-Kultur. Eine Kultur der Jungsteinzeit
vor etwa 3.100 bis 2.700 v. Chr.
Die Schnurkeramischen Kulturen. Kulturen der Jungsteinzeit
von etwa 2.800 bis 2.400 v. Chr.
Die Einzelgrab-Kultur. Eine Kultur der Jungsteinzeit vor
etwa 2.800 bis 2.300 v. Chr.
Die Schönfelder Kultur. Eine Kultur der Jungsteinzeit vor
etwa 2.800 bis 2.200 v. Chr.
Die Glockenbecher-Kultur. Eine Kultur der Jungsteinzeit
vor etwa 2.500 bis 2.200 v. Chr.
Die ersten Bauern in Österreich. Die Linienbandkeramische
Kultur vor etwa 5.500 bis 4.900 v. Chr.
Die Lengyel-Kultur in Österreich. Eine Kultur der
Jungsteinzeit vor etwa 4.900 bis 4.400 v. Chr.
Die Mondsee-Gruppe. Eine Kulturstufe der Jungsteinzeit
vor etwa 3.700 bis 2.900 v. Chr.
Die Badener Kultur in Österreich. Eine Kultur der
Jungsteinzeit vor etwa 3.600 bis 2.900 v. Chr.
Die ersten Pfahlbauten in der Schweiz. Die Anfänge der
Pfahlbauforschung und die Egolzwiler Kultur
Die Cortaillod-Kultur. Eine Kultur der Jungsteinzeit vor
etwa 4.000 bis 3.500 v. Chr.
Die Pfyner Kultur in der Schweiz. Eine Kultur der
Jungsteinzeit vor etwa 4.000 bis 3.500 v. Chr.
Die Horgener Kultur in der Schweiz. Eine Kultur der
Jungsteinzeit vor etwa 3.500 bis 2.800 v. Chr.
Die Schnurkeramiker in der Schweiz. Eine Kultur der
Jungsteinzeit vor etwa 2.800 bis 2.400 v. Chr.

Um 1867 auf dem Anwesen Hindsgavl auf der Insel Fænø
(Dänemark) entdeckter Prachtdolch aus der Dolchzeit.
Länge 29,5 Zentimeter, Dicke 1 Zentimeter.
Original im Dänischen Nationalmuseum (Nationalmuseet), Kopenhagen.
Foto: Kim Bach, bearbeitet von Archird / CC BY-SA 3.0
(Wikimedia Commons),
lizensiert unter Creative-Commons-Lizenz by-sa-3.0,
https://creativecommons.org/licenses/by-sa/3.0/legalcode